MODES DIVERS DE RÉALISATION

DU

CRÉDIT AGRICOLE

PAR

L'INITIATIVE PRIVÉE

MODES DIVERS

DE RÉALISATION

DU

CRÉDIT AGRICOLE

PAR

L'INITIATIVE PRIVÉE

CONFÉRENCE

Donnée à Caen à l'occasion du VIIIme Congrès du Crédit Populaire et Agricole

Le 12 Mai 1896

Par M. CHARLES RAYNERI

Vice-président du Centre Fédératif du Crédit Populaire en France

Directeur de la Banque Populaire de Menton

Président du Groupe départemental des Sociétés de Crédit Populaire des Alpes-Maritimes

MENTON

IMPRIMERIE COOPÉRATIVE MENTONNAISE

RUES PRATO ET ARDOINO

1896

MODES DIVERS DE RÉALISATION

DU

CRÉDIT AGRICOLE

PAR

L'INITIATIVE PRIVÉE

CONFÉRENCE

Donnée à Caen à l'occasion du VIIIme Congrès du Crédit Populaire et Agricole

Le 12 Mai 1896

Par M. Charles RAYNERI

Vice-Président du Centre Fédératif du Crédit Populaire en France
Directeur de la Banque Populaire de Menton
Président du Groupe départemental des Sociétés de Crédit Populaire des Alpes-Maritimes

Mesdames, Messieurs,

En acceptant de prendre la parole dans une des séances du soir destinées à la vulgarisation de nos principes, j'éprouvai un certain embarras dans le choix du sujet. Ce n'est certes pas que les sujets fassent défaut, à un moment où le crédit populaire, après être sorti du domaine de la théorie, commence à revêtir une forme concrète, et s'organise avec une orientation exacte et des règles sûres dans presque tous les départements de la France; mais il s'agissait pour moi d'en choisir un qui serait aussi approprié que possible au programme que la coopération de crédit est appelée à réaliser dans ce magnifique département du Calvados. Votre riante contrée si renommée par la fertilité du sol, par les progrès de ses cultures, par la richesse de ses produits, où la nature généreuse s'allie à l'activité féconde d'une population vaillante, m'a paru toute désignée pour y reprendre nos recherches sur une question essentielle qui constitue le pivot du progrès rural, *le crédit agricole.*

Le sujet est déjà ancien; mais comme le phénix, il renaît constamment de ses cendres, et se présente à nos études sous des formes nouvelles, variées, et sans cesse intéressantes. Plus qu'à une causerie, il fournirait matière à plusieurs volumes, et trop de choses ont été déjà écrites et dites, pour que je ne sente le besoin de le circonscrire, en me bornant à vous entretenir ce soir de ce qui a été fait jusqu'ici, à rechercher les divers organismes qui se proposent de mettre le crédit à la portée du cultivateur ou qui peuvent en seconder l'organisation, et à examiner quelle devrait être leur coordination pour atteindre efficacement le but de nos efforts: l'amélioration, le relèvement de l'agriculture.

A défaut d'une éloquence que je ne possède malheureusement pas, je mettrai dans mes paroles le vif désir qui m'anime de faire briller dans vos esprits un rayon de lumière, de vous fournir des indications utiles, et de vous voir vous joindre à nous pour la conquête de cet instrument de progrès, de ce puissant levier d'amélioration économique et morale de la classe la plus intéressante et trop souvent hélas! la plus oubliée, notre vaillante démocratie rurale.

LA SITUATION DES AGRICULTEURS ET LA CRISE AGRAIRE

Qui parmi vous n'a songé plus d'une fois à la situation de l'agriculteur, du petit surtout?

Courbé sur son sillon de l'aube au couchant, le cultivateur travaille et peine. Chaque jour qui se lève éveille en lui avec les perspectives riantes du matin quelques lueurs d'espérance, qui trop souvent hélas! s'évanouissent avec les derniers rayons du soleil, et rendent, dans la tristesse du jour qui se meurt, plus sombre, plus décourageant le tableau de ses déceptions, de ses souffrances. Rentré au foyer, assis au milieu des siens, il nous offre, avec la sublime image de la famille, un témoignage frappant de ses qualités de bonté, d'abnégation et de patience.

Nous l'entendons redire à sa compagne, à ses fils, les difficultés qui rendent son existence amère, et qui remplacent le doux repos mérité, par les préoccupations du lendemain, par les craintes d'un avenir incertain. Dépréciation des produits; cherté de la main d'œuvre; lourds impôts; concurrence acharnée du dehors; nécessité d'améliorer la production, de diminuer les frais généraux, de pouvoir quelquefois attendre un placement plus rémunérateur des produits du sol; impossibilité de donner suite aux projets qui permettraient de faire un pas décisif vers une situation moins précaire, et cela par le manque de quelques capitaux ; usure éhontée pratiquée sous les formes les plus diverses, tout cela forme un ensemble d'obstacles qui rivent notre paysan si intéressant, si méritant, à l'éternel rocher de Sisyphe.

D'autre part, l'amour du champ familial; des prodiges d'activité, de volonté; des qualités d'ordre et d'économie; des trésors d'honnêteté et de vertu. Je sais que ces détails peuvent paraître exagérés à ceux qui ne se souciant guère des souffrances de nos agriculteurs, n'en recherchent pas les causes et n'en saisissent pas les conséquences ; à certains favorisés de la fortune qui les traitent de quantité négligeable; à ceux qui pourraient par leur intelligence et par leur situation tant faire pour eux, mais qu'a frappé la plaie de l'absentéisme ; à ceux enfin qui oublient trop souvent qu'il n'y a de prospérité vraie, de prospérité durable, que celle qui à pour base la prospérité de l'agriculture, cette mère de toutes les industries, cette source de la richesse des peuples.

Mais une telle situation ne peut laisser indifférents ceux qui ont à cœur l'avenir du pays, ceux qui savent qu'à côté de la richesse, de l'intelligence, des satisfactions de la fortune et de la gloire, il y a des devoirs sociaux à remplir; qu'aujourd'hui plus que jamais ces devoirs sociaux s'imposent, et qu'il ne faut pas hésiter à tourner nos regards en arrière, et à tendre fraternellement la main à ceux qui sont encore loin sur le difficile chemin de la vie, appliquant ainsi la sublime devise du Christianisme, qui est aussi celle des peuples libres, des peuples forts, la fraternité, la solidarité (*Applaudissements*).

Ceci pour ce qui est de la situation de l'agriculteur pris isolément. Mais là ne s'arrête pas le mal. Cet ensemble de circonstances constitue ce que l'on appelle la crise agraire, et détermine par contre-coup une série de conséquences aussi fâcheuses que redoutables dans l'ordre économique et social. Que se passe-t-il en effet ? Comme première conséquence de cet état de choses, nous constatons l'exode constant de la jeunesse des champs vers les grands centres. Il y a là un signe certain d'appauvrissement et de décadence. Découragés, les enfants de nos cultivateurs quittent le foyer familial, et se réfugient dans les villes. L'attrait des salaires élevés de certaines professions ouvrières, le goût du luxe, les étalages de la richesse, les illusions du bonheur apparent forment à leurs yeux un singulier contraste avec l'existence pénible, avec la vie simple et pourtant si heureuse des champs. Les campagnes se dépeuplent, la population des villes augmente, mais l'ensemble de la population diminue sans cesse.

Les statistiques nous apprennent que depuis 1846 la population rurale s'est abaissée de 26.753.743 habitants à 24.031.900 habitants, et pendant le même temps la population urbaine s'est élevée de 8.646.743 à 14.311.292 habitants. La population rurale qui représentait 75.58 % de la population totale ne représente plus que 62.60 %. De 1846 à 1886, 175 arrondissements, tous agricoles, se sont dépeuplés.

La situation devient critique dans les campagnes, parce que aux plaies déjà signalées s'ajoute la diminution constante de l'offre de la main d'œuvre qui contribue à l'élévation du prix des salaires ; elle devient plus critique encore dans les villes, où l'offre de la main d'œuvre est en disproportion avec la demande. Il y a là trop d'appelés et trop peu d'élus, et nous assistons à ce navrant spectacle de nombreux sans-travail, de nombreux déclassés, qui se transforment graduellement en ennemis de notre état social, et viennent grossir le nombre des habitués des bureaux de bienfaisance, des asiles de nuit, des assistances par le travail.

Et presque tous ces malheureux sont des enfants de la campagne. Ils quittent joyeux la terre natale, croyant aller au devant de la fortune dans les grands centres, où les attendent presque toujours les désillusions et la misère. Ils viennent augmenter la clientèle des débits de boissons, des bars, dont on constate l'effrayante progression, et où sous le prétexte d'endormir les souffrances morales et physiques, ils se préparent aux suites funestes de l'alcoolisme dont les ravages incalculables sont un danger permanent, un affaiblissement constant des forces vives de la nation. La mortalité augmente, la population décroît. Ces émigrants retournent rarement chez eux. Ce n'est pas toujours le désir qui leur manque ; mais ils se sentent humiliés, la volonté n'est plus assez puissante pour les déterminer à revenir aux champs, et plus d'une fois dans les heures de tristesse, de découragement, ils tourneront leurs regards vers le pays natal, ils regretteront d'avoir déserté cette vie du cultivateur simple, mais faite de probité et de labeur, d'avoir déserté ce coin de terre, où leurs ancêtres, après y avoir paisiblement vécu, dorment le dernier sommeil....

Et je n'exagère pas, Messieurs, je ne parle pas des grandes régions agricoles où la crise a été vaincue ou est en train de l'être, où la pénurie des capitaux est moins sensible; je veux parler de cette masse de communes rurales où domine surtout la petite propriété, de cette multitude de travailleurs du sol qui, isolés et sans l'appui d'un crédit intelligemment combiné, seraient dans l'impossibilité de lutter à leur tour et de vaincre. C'est vers ces modestes, c'est vers ces vaillants que se tournent sans cesse les pensées des coopérateurs, car la coopération, qui prend sa source dans la souffrance, se complait dans la modestie et dans l'humilité.

L'ŒUVRE DE L'ÉTAT

Parmi les remèdes proposés comme devant améliorer cet état de choses, nous devons signaler en première ligne l'organisation du crédit agricole. L'histoire en est ancienne, et dans aucune nation cette question n'a peut-être été l'objet de si longues, de si persévérantes études. Les commissions ont succédé aux commissions, les rapports aux rapports. On essaya d'une grande institution centraliste avec subvention de l'État: on se souvient de sa chute lamentable, non par le fait des pertes dues à la pratique du crédit agricole, car de ce côté elle n'essuya pas de déboires; mais pour avoir délaissé sa compagne légitime et naturelle, l'agriculture, pour les fonds Égyptiens avec lesquels elle devait facilement se compromettre, comme toute institution qui manque à sa vocation naturelle.

L'essai n'ayant pas abouti, on se retourna du côté des réformes législatives. Nous assistons à ce moment à un réveil subit des inventeurs de projets. Les projets se multiplient, s'accumulent, ils forment des montagnes de papier. Tout y est examiné, tout y est prévu, les remèdes cherchés sont enfin découverts et servis en articles de loi. *La loi sauvera l'agriculture.* Modification des lois relatives au gage, gage sans dessaisissement, restriction du privilège du bailleur, extension du privilège au vendeur d'engrais, commercialisation des effets des agriculteurs, réforme du cheptel, du code civil, fondation des banques agricoles, et que sais-je encore?..... Tout cet arsenal de projets aboutit après de longues discussions à une loi, la loi du 19 février 1889, qui se compose de quatre articles, et qui, au lieu de la fameuse législation que l'on attendait sur l'organisation du crédit agricole, se borne à la restriction du privilège du bailleur d'un fonds rural et à l'attribution des indemnités dues par suite d'assurances. Une telle loi n'a aidé en rien à la solution recherchée de la question du crédit agricole.

LE CONCOURS DES SYNDICATS AGRICOLES

Mais si les lois sont en général impuissantes pour créer des réformes de toutes pièces, il faut reconnaître que le législateur a rendu un grand service à l'agriculture par la loi du 21 mars 1884 sur les syndicats. Il est bon de rappeler que l'on n'avait précisément pas songé tout d'abord à l'agriculture, et que c'est sur la proposition de M. le sénateur Oudet, que la profession agricole a été ajoutée aux professions de l'industrie et du commerce seules appelées au bénéfice de la loi. Or, c'est précisément la dernière venue, l'agriculture, qui sut se servir d'une façon ingénieuse et variée de cette loi par la constitution de syndicats sur presque tous les points du territoire. Le nombre des syndicats agricoles dépasse actuellement 1500, comptant plus de 600,000 membres; formant des unions régionales; faisant des achats collectifs d'engrais évalués à 100 millions de francs par an, ayant amené sur quelques-uns une baisse de 40 à 45 0/0; assumant des formes variées pour l'achat d'instruments, de matériel agricole; organisant les travaux agricoles en commun, l'assistance mutuelle; appliquant la coopération sous ses diverses formes. Cette loi a été un véritable service rendu à l'agriculture, et elle est surtout efficace parce que c'est une loi de liberté.

Nous verrons quel rôle les syndicats agricoles doivent jouer dans l'organisation et dans le fonctionnement du crédit agricole.

Préoccupé des doléances des agriculteurs, l'honorable M. Méline essaye à son tour de trouver un remède efficace à cet état de choses, et d'accord avec la résolution formulée par notre premier congrès de 1889 qui, on peut l'affirmer, a indiqué le premier la vraie orientation du crédit agricole, il songe à utiliser les syndicats, mais avec cette différence qu'au lieu de devenir les organisateurs de sociétés latérales, ils se seraient transformés en organes de crédit. Cette conception comportait des dangers. Une campagne vigoureuse fut menée par les syndicats eux-mêmes, et nos congrès ne cessèrent d'insister tant pour maintenir le principe de leur autonomie que pour leur assigner le rôle de promoteurs de coopératives distinctes. C'est la solution qui a fini par prévaloir, et qui a abouti à la loi du 5 novembre 1894, loi dont nous avons signalé les défauts, mais qui peut être utilisée et nous donner un nouveau type de sociétés de crédit agricole, que nous passerons sommairement en revue, après avoir achevé cette rapide incursion dans l'œuvre de l'État en faveur de l'agriculture.

L'INSTRUCTION AGRICOLE PAR L'ÉTAT

L'intervention de la législation et de l'État s'est trouvée utile au point de vue de l'instruction agricole. Cette organisation n'est pas assez connue, ni suffisamment appréciée ; mais elle fonctionne bien, et ce n'est que par degrés et à la longue que l'on pourra en ressentir les bienfaisants effets. Des écoles régionales distribuent l'enseignement supérieur ; il existe au dessous d'elles des fermes-écoles et des écoles pratiques d'agriculture à raison d'au moins une par département. L'enseignement nomade est confié à des professeurs départementaux et régionaux ; il faut souhaiter que dans les programmes des écoles primaires, une place de plus en plus large soit faite à l'instruction agricole, qui en initiant la jeunesse aux questions agraires, et en lui inculquant les féconds principes de l'association, contribuera à arrêter cette émigration dont nous déplorions tantôt les conséquences funestes. L'institut agronomique complète et couronne cette belle organisation de l'enseignement agricole.

LA BANQUE CENTRALE

On a demandé encore à l'État son intervention pour la

création d'une banque centrale de crédit agricole. C'est le projet déposé le 12 juillet 1892 par MM. Develle et Rouvier. L'État fournirait à cette banque une garantie d'intérêt de 2 millions de francs par an. Une telle conception est fausse, elle est dangereuse. Ce serait vouloir poser la toiture avant les fondations. Ce serait courir au devant d'échecs nouveaux comme ceux du Crédit agricole de 1860, du Crédit au Travail de 1863, de la Caisse d'Escompte de 1865, de la Caisse centrale de l'Épargne et du Travail de 1881, conceptions erronées, ne respectant pas l'œuvre du temps ; ce serait vouloir atteindre d'un bond le sommet de la montagne, sans avoir au préalable gravi les longues et pénibles montées, franchi les détours difficiles, sans avoir vaincu les difficultés qui engendrent l'expérience et donnent le savoir ; ce serait enfin créer une institution factice et impuissante.

L'ÉTAT EST IMPUISSANT. L'INITIATIVE PRIVÉE

L'œuvre du législateur et de l'État sommairement esquissée, nous devons reconnaître qu'en pareille matière il faut leur demander le moins possible, et qu'avec la législation actuelle, légèrement modifiée dans un sens plus libéral, ainsi que je le démontrerai dans un rapport que j'aurai l'honneur de présenter au Congrès, on peut par l'initiative privée, cette fille de la volonté qui est le grand moteur de tout progrès vrai et durable, donner à la France une organisation de crédit agricole ne le cédant en rien aux organisations similaires qui fonctionnent avec succès dans les principales nations étrangères.

DE QUELLE FAÇON LE CRÉDIT AGRICOLE A ÉTÉ PRATIQUÉ JUSQU'ICI

Messieurs, en examinant les divers modes de distribution du crédit agricole, nous ne pouvons nous dispenser de remonter en premier lieu à deux types d'organisations primordiales qui constituent de véritables associations du capital avec le travail, le métayage et le bail à ferme.

Comme l'a écrit M. Daniel Zolla, « dans le premier cas, le propriétaire met à la disposition des cultivateurs, à côté de la terre et des bâtiments d'exploitation, la moitié des semences, la moitié du bétail et parfois des avances, soit environ les cinq sixièmes des capitaux nécessaires pour exercer leur industrie. Dans le second cas, le capital foncier et les éléments du capital d'exploitation représentent au moins les deux tiers, et souvent les quatre cinquièmes de la somme indispensable au fermier pour exercer son industrie dans les mêmes conditions sans le concours du propriétaire. Le taux de l'intérêt correspondant à la valeur des capitaux confiés au fermier ne dépasse pas en moyenne 3 %, et atteint rarement 4%. On compte en France près de 350.000 exploitations rurales soumises au régime du métayage ; c'est-à-dire 350.000 associations très fécondes, très curieuses, que l'on semble ignorer, et 750.000 exploitations soumises au régime du fermage et couvrant près du tiers des terres cultivables. » Il y a dans ces associations du capital foncier avec le travail une forme indirecte et intéressante du crédit agricole qu'il était juste de rappeler. Mais nous devons nous occuper de la recherche des types d'association qui ont pour mission de distribuer le crédit agricole d'une façon directe, ce qui nous porte à aborder la partie principale de notre causerie.

LE CONCOURS DE LA BANQUE DE FRANCE

On a souvent reproché à notre premier établissement de crédit de s'intéresser exclusivement du commerce et de l'industrie, et de négliger l'agriculture qui elle aussi devrait pouvoir compter sur son appui. Une telle assertion n'est pas absolument exacte. La Banque de France, malgré la sévérité de ses règlements, vient quelquefois en aide à l'agriculture. Comme on le signalait déjà à notre premier congrès, dans votre département et dans la Nièvre, la Banque escompte depuis 1867 le papier des fermiers en vue de l'embouche.

En dix ou onze ans, le montant de ces avances pour la Nièvre s'est élevé à environ 140.000.000, avec un bénéfice pour les emprunteurs de 25.000.000 et d'un million pour la Banque. Il y a là un essai très heureux et un symptôme significatif qui prouve que la Banque de France ne se refuse pas à seconder le développement du crédit agricole, toutes les fois que les opérations lui sont présentées avec des garanties suffisantes, et qu'elle a la certitude que les emprunteurs pourront tirer un profit certain des capitaux à leur fournir. Nous examinerons le rôle que la Banque de France est appelée à jouer dans la pratique du crédit agricole.

Il nous tarde d'en arriver à l'exposé des solutions réalisées par la coopération, en qui réside, nous ne cesserons de le répéter, la véritable solution.

LES SOLUTIONS PAR LA COOPÉRATION. EXEMPLES

Pendant que d'un côté on cherchait à organiser le crédit à l'agriculture par des lois et par des institutions centralistes à base d'étatisme, pendant que l'on continuait à se débattre dans les mêmes difficultés, des hommes d'initiative, sincèrement dévoués à la cause du progrès démocratique, se mettaient à l'œuvre sur divers points de la France, et au lieu d'inventer des systèmes, ils essayaient de mettre à profit l'expérience étrangère. Ils étudiaient ce qui s'était fait au dehors; ils exploraient les institutions de l'Allemagne, de l'Italie, de la Belgique, de la Suisse, et d'autres pays; ils constataient que le grand moteur du progrès agricole plus que dans des lois ou dans des institutions étatistes réside dans l'initiative privée et dans la coopération conçue au sens le plus libéral, le plus large.

Mettre l'épargne du peuple à la portée du peuple qui travaille, souffre et espère, voilà le problème que ces diverses nations avaient déjà résolu. Schulze-Delitzsch, Raiffeisen, Luzzatti, Wollemborg, d'Andrimont, les apôtres de cette forme sublime de la fraternité sociale, nous apprirent les moyens de réaliser en France ce que l'on avait déjà fait dans ces divers pays.

C'est ainsi que se fondent les premières coopératives de crédit à Angers, à Menton, à Poligny, grâce à des dévouements locaux, sans législation spéciale, sans subventions.

Arrêtons-nous un instant à Poligny, où fonctionne un type d'association original et intéressant.

C'est en 1885 que le Crédit mutuel a été fondé par le Syndicat agricole de l'arrondissement de Poligny au profit de ses membres. La société se compose de deux catégories de sociétaires, les fondateurs qui ont souscrit des actions de 500 francs, et les simples membres qui souscrivent des coupures d'action de 50 francs. Les emprunteurs doivent être sociétaires et posséder au moins une part de 50 francs. Les demandes d'emprunt en indiquent l'objet. La société ne prête que pour des besoins purement agricoles, achat de bestiaux, de semences, d'engrais, d'instruments. Le maximum individuel des prêts est fixé à 600 francs. La société étend ses opérations dans l'arrondissement de Poligny au moyen de sections cantonales placées à proximité des emprunteurs. Le taux de l'intérêt qui était de 4 % est descendu à 3 1/2 %. L'intérêt alloué aux sociétaires est limité à 3 %. Les prêts sont représentés par des effets à trois mois renouvelables jusqu'à un an. Lorsque la société a épuisé ses ressources, capital et dépôts, elle se procure des fonds en réescomptant son portefeuille à la Banque de France. Les prêts accordés pendant la première année se sont élevés à 5000 fr. Ils ont passés successivement à 31.000, 39.000, 56.000, 75.000, 127.000 et 200.000 francs par an, et leur total pour une période de huit ans a dépassé 700.000 francs. Pendant cette même période, la banque n'a pas eu d'effets impayés; elle n'a par conséquent, chose remarquable, subi aucune perte.

L'exemple de Poligny a été imité à Coulommiers. Une société de crédit mutuel agricole y a été fondée en 1894 au capital de 36.500 fr. composé : 1° d'une subvention de 6000 fr. accordée par le Gouvernement, provenant sans doute de la répartition des crédits votés en 1893 en faveur des victimes de la sécheresse ; 2° de 30.500 fr. souscrits par les fondateurs et divisés en parts de 500 francs ; 3° de parts de 50 francs mises à la disposition des membres du syndicat qui voudraient devenir sociétaires afin d'avoir droit au crédit. Le dividende est limité à 3 %, la société ne prête qu'aux membres du syndicat et pour des objets agricoles. Les prêts sont faits au taux de 4 % pour trois mois et sont renouvelables jusqu'à un an.

Ces deux associations constituent un type intéressant de sociétés de crédit agricole à responsabilité limitée, avec capital fourni pour la plus forte partie par des sociétaires fondateurs.

M. Josseau annonçait au Ier Congrès des syndicats agricoles que des institutions similaires se sont fondées successivement à Besançon, à Genlis, à Tours, à Niort, à Segré, à Compiègne, à Delle, à Lunéville.

Un type non moins intéressant de banque populaire à base agricole nous est offert par la Banque populaire agricole de Saint-Florent-sur-Cher, qui a été fondée en 1891 à la suite de notre IIIe Congrès.

Le promoteur de cette banque, qui était venu à notre assemblée en sceptique, fut tellement converti qu'il ne perdit pas une minute, et le 15 septembre 1891, cinq mois après le congrès, la Banque de Saint-Florent-sur-Cher était fondée. C'est une société anonyme coopérative à capital variable. La responsabilité des sociétaires est limitée au montant des actions souscrites. Elle a pour but de venir en aide spécialement aux cultivateurs honnêtes et laborieux du canton de Charost, au moyen de prêts et escomptes et de leur faciliter l'épargne. Le capital initial était de fr. 5.700, divisé en 114 actions de 50 francs.

A la différence du Crédit mutuel de Poligny, il n'y a pas

deux sortes d'actionnaires : la société peut admettre tous les agriculteurs, elle ne borne pas son action au profit exclusif des membres d'un syndicat, ni aux seuls sociétaires, elle opère aussi avec des tiers. En signalant ces points, nous voulons tout simplement marquer les différences essentielles qui existent entre ces deux associations, et montrer un type nouveau qui peut être appliqué très avantageusement.

Au 31 décembre 1894 le capital de la Banque de Saint-Florent sur-Cher s'était élevé à 12.600 francs, divisé en 252 actions de 50 francs, possédées par 111 sociétaires. Son mouvement de caisse avait dépassé 1.300.000 fr., il était entré dans son portefeuille pendant l'année 5.079 effets pour 939.668 fr. et sorti 5.044 effets pour 933.414 fr., soit un mouvement général s'élevant à fr. 1.889.137.

La Banque de France lui avait réescompté des effets pour plus de 150.000 francs. Malgré son modeste capital, la banque avait des dépôts pour près de 60.000 francs.

Ainsi que nous l'avons signalé en citant le Crédit mutuel de Coulommiers, les conseils généraux de certains départements avaient décidé de réserver à l'organisation du crédit agricole une part importante des fonds qui leur avaient été accordés sur le crédit de 5 millions voté en faveur des victimes de la sécheresse en 1893. Ces fonds ont été versés à des syndicats qui se sont chargés de réaliser la fondation de sociétés de crédit agricole.

Parmi ces associations nous prendrons au hasard, comme exemple, la Société de crédit agricole de la Somme, avec siège social à Amiens. Cette association fonctionne entre les membres de la Société des agriculteurs du département de la Somme ou de tout syndicat agricole légalement constitué dans ce département. Elle a pour objet de faciliter et de garantir les opérations concernant l'industrie agricole effectuées par ses membres. Le capital est constitué par des parts ci ales de 20 francs non productives d'intérêt et ne donnant droit à aucun dividende ni partage de bénéfices, ou par des versements annuels de 2 francs, la société ayant une durée de dix ans. La responsabilité des sociétaires est limitée au montant de leurs souscriptions. Le capital initial est de 55.000 fr. provenant: 1° d'une somme de fr. 48.400 restant libre sur les fonds accordés par l'État et d'une somme de fr. 6.600 divisée en parts sociales de 20 francs chaque. Les prêts sont faits sur lettres de change ou billets à ordre, avec obligation pour les emprunteurs de faire emploi des fonds à des usages déterminés par les règlements sociaux.

Comme nous venons de le dire, les sociétaires ne touchent ni intérêts ni dividendes, les bénéfices sont affectés pour les trois quarts au fonds de réserve jusqu'à ce que ce fonds ait atteint la moitié du capital social, le reste vient augmenter le fonds de roulement.

Signalons au passage parmi les syndicats ayant organisé le crédit avant la loi du 5 novembre 1894, la Chambre syndicale des ouvriers cultivateurs de Raphèle à Arles, les Syndicats agricoles d'Evreux et d'Ampreville, le Syndicat de l'Union Sancerroise, le Syndicat agricole du département du Jura qui a organisé le crédit par la fruitière dans plusieurs sociétés de fromageries et notamment celles de Tourmont, de Brainans, Poligny et Besain et ceux de St-Brieuc, de Compiègne. Dans les départements de Meurthe-et-Moselle, de Vaucluse, sans avoir créé des caisses de crédit spéciales, on a fait des arrangements avec des banques locales pour faciliter le paiement à terme des commandes des syndiqués. A Niort, le président du Syndicat professionnel agricole des Deux-Sèvres, après avoir reconnu l'utilité d'organiser le crédit au profit des membres de son Syndicat, a commencé par un acte généreux de vraie solidarité fraternelle : il s'est rendu responsable de toutes les commandes et a autorisé les chefs de dépôts à livrer des engrais à crédit. Chaque syndiqué, il y en a 2.800, peut prendre à crédit dans les dépôts sur son honneur, sans papier et sans caution, des marchandises jusqu'à concurrence de 50 francs. Pour une somme supérieure, il doit en faire la demande par écrit. La date du paiement qui est à trois ou à six mois, est inscrite sur les registres. L'intérêt est calculé à raison de 6 % par an. Les crédits ainsi accordés dépassent 60.000 francs par an, et les rentrées s'effectuent régulièrement.

A Die, le Syndicat des agriculteurs, ayant l'heureuse chance de posséder une réserve importante, fruit d'une administration prudente et éclairée, a songé à utiliser cette ressource en accordant des facilités aux sociétaires qui auraient besoin d'un petit crédit. Le maximum des prêts a été fixé pour les débuts à 50 francs. Ils sont représentés par des billets à trois mois à l'ordre du Syndicat, renouvelables pour une nouvelle période de trois mois. L'intérêt est de 4 %. Le sociétaire demandeur ne pourra employer le crédit accordé ailleurs qu'au Syndicat. Les marchandises lui sont livrées en échange de sa signature.

A Orléans, le Syndicat des agriculteurs du Loiret a pris des arrangements avec la Société des Docks pour le dépôt et le warrantage des produits agricoles,et spécialement des blés. La Société des Docks a même consenti à prendre à bail dans les locaux du Syndicat un magasin où seront déposés les grains des syndiqués.

Le Syndicat agricole de l'Anjou, qui compte 8.000 membres groupés en 70 sections paroissiales, et dont le chiffre d'affaires annuel est de 7 à 800.000 francs, a organisé sept Caisses de crédit agricole et une Caisse centrale dont le capital social est représenté par des parts entièrement libérées souscrites par le Syndicat de l'Anjou et par les sociétés locales ses co-associées. Le but de la Caisse centrale est de servir de régulateur du mouvement des capitaux de chacune des caisses participantes. Elle leur ouvrira des crédits, recevra leurs dépôts, escomptera leur papier endossé par le Syndicat,et pourra au besoin réescompter ce papier à la Banque de France. En cas d'exubérance de fonds, des prêts pourront être accordés au Syndicat, l'un des groupes associés, afin de lui permettre d'acheter au comptant et au moment opportun les produits nécessaires à l'approvisionnement de ses dépôts.

La loi du 5 novembre 1894 a créé un type nouveau de caisses agricoles pouvant prendre la forme de sociétés à responsabilité limitée ou illimitée en totalité ou en partie, à capital fixe ou à capital variable, mais ces sociétés ne peuvent être constituées que par des syndicats ou par des membres de syndicats au profit exclusif des syndiqués.

En mai 1895, une banque agricole régie par cette loi a été constituée à Remiremont par M. Méline, le promoteur de la loi, avec un capital initial de fr. 17.000.

Le but est de venir en aide aux membres du Syndicat agricole de l'arrondissement de Remiremont pour leur procurer à crédit des engrais, des semences et des machines. La banque ne remet pas à l'emprunteur le montant du crédit qui lui a été accordé, mais cet argent doit servir à payer les marchandises achetées au syndicat ou ailleurs. Dans ce dernier cas, le sociétaire signe un billet à son fournisseur à une échéance correspondant à la réalisation de sa récolte, et la banque escompte le billet, ou si le marchand d'engrais n'a pas besoin d'argent, elle lui donne son aval.

Au 31 décembre 1895, c'est à dire dans un délai de six mois environ, cette société avait dejà accordé des avances pour 8.700 francs, et son capital était de fr. 20.830.

Sous le régime de la loi précitée, une Caisse agricole a été fondée au commencement de 1895 à Épinal pour une durée de vingt ans. Elle se propose de faciliter à ses membres, et de préférence pour les plus petites affaires, le crédit dont ils peuvent avoir besoin pour des opérations se rapportant à l'industrie agricole, et d'encourager par la faculté de petits versements à la possession acquise peu à peu de parts dans le fonds social. Le capital initial a été fixé à 3.000 francs, divisé en parts qui pourront être de valeur inégale, mais dont le minimum est de 20 francs. Le capital est variable, et la responsabilité des sociétaires est limitée au montant des parts souscrites. La société prête à tout sociétaire jusqu'à concurrence du double de son apport, au dessus, elle exige des cautions. Les fonds deviennent immédiatement exigibles dans le cas où les emprunteurs n'en auraient pas fait l'emploi indiqué dans la demande d'emprunt.

Pas de dividende. Les trois quarts des bénéfices sont versés à la réserve. L'assemblée peut décider que le solde net sera restitué aux sociétaires au prorata des prélèvements opérés sur leurs opérations.

Une caisse de crédit mutuel régie par la même loi a été établie à Montpellier par la Société départementale d'encouragement à l'agriculture. Pour obtenir des avances, il faut en justifier l'utilité agricole, et se faire cautionner par une tierce personne, ou déposer des valeurs en garantie. Les statuts prévoient en outre l'escompte des effets souscrits par les syndicataires, la garantie des achats qu'ils font vis-à-vis de leurs fournisseurs, en escomptant, par exemple, les traites fournies par ceux-ci sur leurs clients syndicataires. Ils prévoient aussi les avances sur marchandises ou denrées vendues par les syndicataires, et dont le payement aura été différé, opération très fréquente dans le Languedoc. La Société Générale, succursale de Montpellier, réescompte le papier de la caisse agricole à 1/2 pour % au dessus du taux de la Banque de France. Le directeur de cette succursale fait partie du conseil d'administration de la caisse ; il peut ainsi contrôler les opérations, et faire au préalable connaissance avec le papier qu'il est appelé à réescompter.

Une caisse similaire a été fondée le 9 juin 1895 à Aix-en-Provence par 43 sociétaires, membres du Syndicat central agricole de l'arrondissement d'Aix, ayant souscrit ensemble un capital de fr. 19.200 divisé en parts de 50 fr. Elle a commencé à fonctionner effectivement en octobre passé. Les opérations consistent en prêts en argent ou en nature effectués dans un but déterminé d'intérêt agricole, escompte et réescompte des effets souscrits ou endossés, avances sur marchandises et sur titres au porteur. Les autres dispositions sont conformes à celles des Caisses de Remiremont et d'Epinal. « L'accueil fait par le monde rural à cette société, nous « écrivait M. Laroque, président du conseil d'administration, « sous la date du 17 avril 1896, a été très favorable. Nous « avons le ferme espoir qu'elle prendra dans un avenir peu « éloigné les développements dont elle est susceptible. Nous « avons obtenu la faculté d'escompte à la Banque de France. « Huit demandes de prêts nous ont été faites du mois d'oc- « tobre au 1er janvier ; six ont été acceptées ; du 1er janvier « à ce jour quelques nouvelles demandes se sont produites, « qui toutes ont été accueillies favorablement, et si les résul- « tats obtenus ne sont pas très importants, c'est que la récente « fondation de la société ne pouvait naturellement pas les « donner. » Les demandes ont visé plus particulièrement des achats de bestiaux ou d'engrais et des frais de plantations. Le maximum individuel des prêts a été fixé à 500 francs. Les prêts sont représentés par des billets à trois mois susceptibles de trois renouvellements. Le taux de l'intérêt est fixé chaque année : il est actuellement de 4 pour °/₀. Les ressources de la société consistent : 1° dans le capital social, 2° dans les dépôts que la caisse peut recevoir ; 3° dans un prêt-subvention de 2000 francs que la Caisse d'épargne des Bouches-du-Rhône, qui sous la présidence de l'éminent président de ce Congrès, M. Eugène Rostand, marche à la tête de tous les progrès, lui a consenti à 3 pour °/₀.

Retenons l'initiative heureuse de la Caisse d'épargne des Bouches-du-Rhône qui a déjà été la promotrice de trois caisses agricoles dans le département, et leur accorde des prêts-subventions à taux réduit. Il y a quelques jours à peine, pour commémorer le 75e anniversaire de sa fondation, elle votait, entre autres affectations progressistes, une somme de 20.000 fr. pour des prêts-subventions à de nouvelle institutions de crédit agricole qui se fonderont dans les Bouches-du-

Rhône, et sous peu, nous entreprendrons avec notre Président une tournée de propagande dans cette région en vue de vulgariser nos principes et d'aider à la constitution d'autres sociétés (1) *(Applaudissements).*

La Caisse d'épargne de Lyon est engagée elle aussi dans cette voie progressiste, et son conseil essaie d'employer la fortune personnelle en rendant autant que possible service au peuple. Le crédit agricole lui a paru tout particulièrement intéressant, et on a décidé d'encourager les fondations sérieuses. Des banques agricoles se sont établies à Bessenay, à Mornant, à Belleville-sur-Saône. Ce sont des sociétés anonymes à capital variable, à responsabilité limitée.

Elles ne prêtent que pour des causes professionnelles. Les ressources nécessaires à leur fonctionnement leur sont fournies par les dépôts et par des prêts que la Caisse d'épargne de Lyon leur accorde jusqu'à concurrence du double de leur capital.

L'ALLIANCE DU CRÉDIT URBAIN AVEC LE CRÉDIT AGRICOLE

Les exemples que nous venons de signaler montrent quel concours l'épargne urbaine peut apporter à l'organisation du crédit agricole. Le crédit agricole doit prendre sa source dans les villes. On a souvent cité l'exemple des industriels Lombards du moyen âge, qui, après s'être enrichis dans le commerce, déversaient dans les campagnes les trésors amassés dans les villes.

Cet exemple est en voie de se renouveler par le concours que les caisses d'épargne et les institutions de crédit populaire urbaines commencent à donner à la mise en circulation d'une part des épargnes des villes dans nos campagnes. La visite faite par l'illustre économiste M. Léon Say, que la mort vient de nous ravir, et au souvenir duquel j'envoie un respectueux hommage, aux institutions coopératives de la

(1) Une première tournée a eu lieu du 24 au 26 Juillet dernier. Elle a abouti à la création des Caisses Agricoles de Châteaurenard, Salon, Eyguières et Mallemort.

Haute-Italie lui avait démontré cette nécessité de mêler l'argent du commerce et celui de l'agriculture. Dans sa brochure devenue si répandue il a écrit entre autres :

« Le crédit agricole n'est possible qu'à la condition qu'il ne soit pas entièrement agricole. Il faut pour les affaires agricoles des échéances longues, et on ne peut consacrer à des prêts agricoles, ou à des escomptes d'effets souscrits par des agriculteurs que la partie des dépôts qui reste toujours au fond de la caisse d'épargne. Pour la partie qui pourrait être reprise par les déposants il faut une contre-valeur en effets de commerce. »

M. Luzzatti a merveilleusement réalisé ces institutions à type mixte urbain et agricole qui ont pour but d'allier sagement les opérations du commerce avec celles de l'agriculture, réunissant dans leur portefeuille une variété d'engagements qui correspond à la variété des dépôts ; le papier de commerce formant une excellente contre-partie pour les dépôts à vue, et le papier agricole, avec des échéances intelligemment combinées pour les dépôts à échéance fixe.

Ce genre d'institutions convient surtout aux localités où le commerce et l'agriculture sont également en faveur. Nous en avons fait l'application à Antibes.

Une banque à type mixte urbain et agricole y a été créée le 20 janvier 1895, au capital initial de fr. 15.300 divisé en 153 actions de 100 francs, souscrites par 64 sociétaires à la suite d'une conférence que nous y avions donnée. Après un exercice initial de trois mois, le capital s'était élevé de 15 à 18.100 francs, le nombre des sociétaires était passé de 64 à 75, et le mouvement général des écritures s'était approché d'un million. Cette banque a tenu son assemblée générale semestrielle le 26 du mois dernier. Son capital est actuellement de fr. 18.400. Le mouvement des opérations du semestre a atteint fr. 1.662.214, le portefeuille est entré dans ce mouvement pour fr. 795.494, les bénéfices réalisés en six mois ont été de fr. 2.780.30, et les frais de fr. 1.382.85.

La Banque pourra rémunérer dès cette année, qui constitue par le fait sa première année de gestion, le capital d'une façon satisfaisante (1). Elle ne tardera pas à aviser aux moyens de rayonner dans les campagnes de la région au moyen de succursales ou de caisses agricoles.

LES CAISSES AGRICOLES A SOLIDARITÉ

Quittons maintenant les localités de grande ou moyenne importance, et dirigeons nos observations vers les communes rurales les plus modestes, que la coopération préfère, et où elle accomplit de vrais prodiges au moyen des caisses à solidarité illimitée.

Il est dimanche. Les paysans se dirigent par petits groupes vers la mairie. Que se passe-t-il? Une conférence va avoir lieu pour la création d'une caisse agricole. La question a déja été agitée depuis quelques jours dans la commune. On a souri d'abord lorsque l'on a parlé de créer une banque dans le village. On avait cru jusqu'ici que les banques ne pouvaient vivre que dans les villes. On en a cependant causé le soir au retour des champs. Avant de rentrer au logis, nos cultivateurs ont discuté entre eux sur l'utilité de l'institution, sur les services qu'elle pourrait rendre, sur la possibilité de la créer. Ils ont fini par en reconnaître le besoin, mais ils ont éprouvé de la crainte à la pensée de se rendre mutuellement solidaires. Le maire, le curé, l'instituteur qui avaient étudié la chose se sont joints à ces groupes, ils leur ont fourni des explications détaillées, ils ont répondu aux objections. — Nos agriculteurs ont été ébranlés, ils vont être sous peu convaincus.

(1) L'assemblée générale annuelle tenue le 26 juillet a voté la répartition des bénéfices qui suit :

aux réserves	Fr.	1.192 31	
au capital		1.000 »	soit 5 °[o
au personnel		267 41	
au Centre fédératif du Crédit populaire		100 »	
à des œuvres de bienfaisance		94 95	

Pénétrons avec eux dans la salle communale, où attend l'homme de dévouement, le propagandiste, qui vient apporter la bonne parole au milieu de ces travailleurs.

Nous assistons à un spectacle touchant. Le maire, le curé, l'instituteur que peuvent quelquefois diviser des opinions diverses, sont au bureau côte à côte. Le rapprochement est fait sur le terrain de la coopération, ce qui est de bon augure. L'auditoire a remarqué ce rapprochement, et des regards échangés de l'un à l'autre démontrent l'excellente impression que cela a produit. D'autres rapprochements se feront ensuite, car au fronton de la caisse que l'on va fonder brillera la divise : « Paix aux hommes de bonne volonté. »

Suivant la belle formule d'Eugène Rostand, la caisse unira dans la paix. Mais écoutons le conférencier : le crédit agricole ne peut s'organiser utilement que par la mutualité. Il est possible de créer des associations coopératives même dans les communes les plus petites ; bien au contraire, il faut que la circonscription soit limitée pour qu'une surveillance efficace puisse être excercée sur les opérations de la caisse. Et cette surveillance, ce contrôle sont d'autant plus nécessaires que la caisse opère sans capital propre avec l'épargne locale attirée par la confiance qu'elle inspire et que justifie la solidarité de ses membres. Mais cette solidarité ne doit pas effrayer, au contraire rien ne pourrait se faire de bon sans elle. En elle résident la force et la sauvegarde de l'association. Elle ne présente aucun risque, parce que elle impose la prudence. On ne prête qu'à bon escient, pour des emplois reconnus utiles et pouvant laisser un bénéfice à l'emprunteur. A partir d'une certaine somme on exige des cautions. La caisse se trouve donc garantie. Il y a un fonds de réserve formé par les bénéfices nets de la caisse. Ce fonds demeure indivisible. Le montant des engagements que la caisse peut contracter est fixé chaque année par les sociétaires réunis en assemblée générale.

Un conseil de plusieurs membres administre la caisse, il y a aussi des commissaires de surveillance. Leurs fonctions sont gratuites. L'instituteur se charge de tenir la comptabilité gratuitement, et une gratification pourra lui être accordée lorsque les bénéfices le permettront.

Chaque année on se réunit deux fois en assemblée générale, au printemps et en automne, pour prendre connaissance des opérations de la caisse, fixer le montant des engagements pouvant être contractés, le maximum du crédit individuel, le taux des intérêts pour les dépôts et les prêts.

Ces associations accomplissent partout des merveilles. Elles ont mis un frein à la dépopulation des campagnes, elles ont aidé à améliorer les cultures, porté des coups redoutables à l'usure, elles ont rendu de signalés services aux membres éprouvés par des malheurs, opéré des rapprochements, et comme l'a dit un curé des provinces rhénanes, elles sont à même de moraliser mieux que les plus éloquents sermons. Il y a plus. Des besogneux inscrits sur les livres du bureau de bienfaisance ont demandé leur radiation, afin d'être dignes d'appartenir à la caisse, des illettrés ont appris à tracer leur nom, une force nouvelle a levé dans les milieux agricoles ; cette force, c'est la coopération appuyée sur la solidarité et sur la prévoyance (*Applaudissements*).

Ces explications sont écoutées avec attention, avec un intérêt visiblement croissant, elles sont comprises ; les sentiments de fraternité sont éveillés, nous allons en avoir la preuve lorsque après la lecture des statuts et les explications fournies à ceux qui ont posé des questions, nous verrons les adhérents défiler devant le bureau pour venir apposer leurs signatures sur l'acte constitutif. Voyez avec quel empressement ils signent les uns après les autres. Examinez ces signatures, elles sont d'autant plus touchantes qu'elles ont été péniblement posées. Les jeunes qui ont bénéficié de l'instruction, mise aujourd'hui à la portée de tous, s'acquittent vaillamment de la besogne. Il n'en est pas de même des vieux. Que d'efforts pour tracer leur nom! mais combien significatifs sont les regards souriants qui accompagnent les lents mouvements de la plume. Enfin la société est constituée, presque tous les assistants ont signé, le président annonce la bonne nouvelle, la satisfaction est peinte sur tous les visages, on se félicite, on comprend quels services l'institution qui vient de naître rendra dans le village.

L'assemblée générale est immédiatement tenue; on nomme le conseil d'administration, et la Commission de surveillance. Ces élections se font par acclamation. On n'a pas eu de la peine à choisir. On se connaît bien au village, et presque toujours les promoteurs sont appelés à ces fonctions. On fixe le total des engagements que la caisse pourra contracter pendant la première année, le maximum individuel des prêts, le taux d'intérêt pour les dépôts et pour les avances, la caisse est prête à fonctionner. Et ces institutions ne sont plus aujourd'hui une nouveauté. Il en existe déjà un grand nombre : dans mon département, sous les auspices de la Banque Populaire de Menton, il s'en est déjà fondé dix, d'autres sont en gestation, et ce beau mouvement ne date guère que de trois ans. A Castellar, à Cagnes, à la Turbie, à Saint-Laurent-du-Var, à Sainte-Agnès, à Cabbé Roquebrune, à Gorbio, au Moulinet, à Sospel et à Castillon, nous avons été témoin des mêmes craintes, des mêmes dévouements, du même empressement, des mêmes résultats économiques et sociaux.

J'ai voulu faire une petite enquête sur ce dernier point, et voici au hasard quelques-unes des réponses reçues :

Le curé de Sainte-Agnès qui est en même temps administrateur et secrétaire-comptable de la Caisse, m'écrit :

« Comme vous savez il n'y a pas encore deux ans que « notre Caisse agricole a été fondée, et en si peu de temps elle

« a fait de rapides progrès : c'est vous dire que par ces « temps incertains pour le cultivateur, la nécessité d'une « telle œuvre s'imposait.

« C'est au printemps surtout que nos braves cultivateurs « ont le plus besoin d'avances, pour acheter les engrais, « les semences et les matières nécessaires à l'entretien de la « vigne et à la destruction de nombreux insectes. Avant la « fondation de la Caisse, des cultivateurs n'ayant pas de « fonds et ne trouvant pas à emprunter, se voyaient dans la « nécessité soit de ne pouvoir entretenir leurs arbres, soit de « laisser perdre leurs récoltes.

« Le but moral que la Caisse agricole atteint à Sainte-Agnès « est aussi à signaler.

« Deux pères de familles, entr'autres, avaient l'habitude « de dépenser leur argent au cabaret et d'emprunter pour les « besoins du ménage. Entrés dans la Caisse agricole, ils ont, « je ne dirai pas changé complètement de conduite, mais « restreint leurs folles dépenses. Au lieu de voir s'accumuler « sans cesse dettes sur dettes, ils apportent de temps en « temps à la Caisse un petit appoint, se libérant insensi- « blement des faibles prêts qu'elle leur a accordés pour leurs « travaux de culture.

« L'homme s'habitue ainsi à l'économie. J'aurais encore « beaucoup de faits à vous signaler : ainsi un homme devait « acheter une bête pour exploiter ses propriétés, à la maison « il n'y avait pas d'argent, et il n'en trouvait nulle part. La « Caisse lui prête sur sa simple signature, sur son honora- « bilité : les années d'abondance n'arrivant pas, cet homme « se désolait de ne pouvoir se libérer. Enfin la récolte des « olives arrive et notre sociétaire tout heureux apporte l'argent « qu'il avait emprunté. »

Voici Saint-Laurent-du-Var, charmante et fertile commune du canton de Cagnes, où domine la culture de la vigne et des primeurs. La population rurale est laborieuse et se tient au courant des progrès agricoles. Les vignes ayant été phylloxérées on s'est remis vaillamment à l'œuvre et les vignobles n'ont pas tardé à être reconstitués.

Aussi la Caisse agricole, qui est une des plus importantes de ce département et dont les prêts ont dépassé dans le premier exercice le chiffre de 10.000 francs, y a rendu d'importants services. L'instituteur communal M. Ganyaire m'écrit :

« La création de la Caisse agricole de St-Laurent-du-Var « a permis à bon nombre de petits agriculteurs (une quarantaine) de reconstituer, au moyen des fonds mis à leur « disposition, leurs vignes détruites par le phylloxéra. « On peut sans exagération, évaluer à 20 hectares la « surface mise en rapport à la suite des prêts consentis. « Voici un exemple, pris au hasard, des services rendus : « Un agriculteur intelligent et actif acheta en octobre « dernier, à un prix exceptionnellement avantageux, une « propriété inculte d'une contenance de 4 hectares. Ayant « consacré à cette acquisition toutes ses ressources disponibles, et ne voulant pas grever en l'hypothéquant le terrain « qu'il se proposait de mettre en culture, il fit un appel de « fonds à notre Caisse, qui, après s'être entourée des garanties « prévues par les statuts (dans le cas actuel deux cautions), « consentit en sa faveur un prêt de 1000 francs. L'emprunteur consacra la totalité du prêt à la mise en rapport du « quart environ de sa propriété. Il compte, à moins de circonstances qu'on ne pourrait prévoir, amortir, au moyen « des récoltes supplémentaires (tomates, petits-pois, melons, « etc.), faites dans ses jeunes vignes, la totalité de sa dette « dans le courant de cette année. Sans la Caisse agricole, « notre sociétaire se serait vu dans l'obligation de s'adresser « à un prêteur, et, étant donnée l'importance relative de la « somme à emprunter, il aurait dû subir les exigences toujours onéreuses qui sont l'apanage inévitable de cette sorte « de services. »

Dans notre Congrès de Bordeaux, j'ai cité plusieurs exemples touchants des services rendus par la Caisse agricole de Castellar, la première fondée dans les Alpes-Maritimes, et à laquelle le jury de l'Exposition des Sciences sociales de Bordeaux a décerné récemment la plus haute récompense réservée aux institutions de l'espèce.

Il s'agissait de petits cultivateurs embarrassés, à la suite de mauvaises récoltes et de dettes criardes, que la Caisse a pu sauver des poursuites, et peut-être de la ruine. C'étaient de vrais prêts faits à l'honneur. Les emprunteurs ont pu régler leurs affaires, et avec la nouvelle récolte ils se sont acquittés. Chose remarquable, deux d'entre eux, ceux sur lesquels planaient quelques doutes, sont venus s'acquitter avant l'échéance.

Voici encore quelques exemples de services signalés rendus par cette caisse vraiment modèle.

L'année dernière, un petit cultivateur, à la suite d'un partage de famille, se trouvait avoir un logement par trop exigu. Il songe à construire une maison à côté de son habitation, s'en va trouver un ami auquel il confie son projet, et lui demande une avance de 400 fr. L'ami promet de prêter la somme lorsque la bâtisse sera commencée. Notre cultivateur fait tous ses préparatifs, pierres, chaux, poutres, chevrons, tuiles, etc., et, le moment venu, s'en retourne chez l'ami obligeant pour avoir les 400 francs. Celui-ci trouve un prétexte et se dérobe. Voilà notre cultivateur au désespoir. Il lui faudra payer les matériaux achetés, le maçon est engagé pour commencer, et pas d'argent. Le brave homme s'en va confier ses peines à son beau-père, qui l'engage à s'adresser à la Caisse agricole, et lui offre de se porter caution. Il demande à faire partie de la société, est admis, et bon accueil est fait à sa demande. Les maçons se mettent à l'œuvre, et quelques mois après la maisonnette était debout. Vous devinez sa joie. Cette année, avec la récolte des olives, il pourra rembourser intégralement sa dette.

L'été dernier, un petit propriétaire arrive chez le secrétaire-comptable, et lui dit : vous savez que je suis un assez bon propriétaire, mais ma récolte de citrons a été anéantie par le froid; mon fils aîné est au service, et le second, âgé de 12 ans, est malade depuis quatre mois; il a besoin de soins spéciaux; je voudrais emprunter à la caisse 200 francs pour les frais de maladie, mais je ne sais pas signer.—Le secrétaire lui répond: votre jeune enfant qui est convalescent est assez instruit pour vous apprendre à signer; dès que vous saurez tracer votre nom, je demanderai votre admission, et vous pourrez alors solliciter un prêt. Quinze jours après il savait tant bien que mal signer. Il fut admis, et une avance de 200 fr. lui fut accordée. Il a beaucoup d'olives cette année, et dans le courant de ce mois il remboursera intégralement.

Un autre cultivateur avait dans sa campagne une toute petite source avec laquelle il ne pouvait arroser. Il aurait voulu construire un réservoir, mais il lui manquait 100 fr. Il se fait recevoir dans la société, et on lui accorde cette modique avance. Le réservoir est construit. Il arrose bien maintenant, et au second trimestre il put s'acquitter en bénissant la Caisse agricole.

L'UTILITÉ DU CRÉDIT AGRICOLE.

L'exposé que j'ai essayé de tracer, et les quelques exemples que j'ai cités prouvent l'utilité du crédit personnel à l'agriculture et les services d'ordre divers qu'il est appelé à rendre aux travailleurs de la terre. En effet, pendant que dans les centres urbains il y a abondance de capitaux qui ne savent plus comment s'employer avantageusement dans le pays, ce qui les amène trop souvent à émigrer, alléchés par l'élévation des revenus de placements exotiques, et qui trop souvent aussi sont compromis ou quelquefois perdus; pendant que nos caisses d'épargne et nos grands établissements de crédit regorgent de capitaux, et que le taux des revenus s'abaisse de façon à ne donner qu'une remunération insuffisante, la disette d'argent règne dans les campagnes.

Le manque de capitaux et les nombreux besoins auxquels il faut faire face attirent sur nos bons paysans le fléau redoutable de l'usure. L'usure revêt à la campagne des formes variées : prêts de quelques centaines de francs à intérêts énormes, avec cortège de corvées nombreuses ; vente à crédit de marchandises, engrais, semences, matières premières, de qualités défectueuses, à 30 ou 40 °/₀ au-dessus du prix courant, etc. Notre paysan ne s'appartient plus, il est lié indissolublement à son prêteur, qui tient en lui une proie docile, et lui imposera désormais tout ce qu'il voudra.

Nous avons pu constater nous-mêmes dans une commune rurale le fait de cultivateurs ne pouvant pas bénéficier de la caisse agricole parce qu'ils se trouvaient sous la domination de l'usurier, qui aurait pu les ruiner complètement s'il avait eu vent de la chose. Nous espérons bien les libérer avec toute la circonspection que comporte une si délicate opération. Quelle terrifiante enquête n'y aurait-il pas à faire sur " l'Usure dans les campagnes " ! Elle y est pratiquée plus qu'on ne le pense, et ceux qui la subissent n'osent pas toujours l'avouer. On peut dire que c'est cet état de choses et le désir de s'émanciper qui ont donné naissance aux premières manifestations de la pratique du crédit, et qui ont déterminé la riche floraison de nos syndicats agricoles. C'est par eux qu'ont été portés les premiers coups à l'usure déguisée. C'est par le crédit populaire et agricole que nous achèverons cette œuvre de délivrance " *In hoc signo vinces*".

RÉSUMÉ DES DIVERSES FORMES DE SOCIÉTÉS ANALYSÉES

Des diverses manifestations qui se sont produites jusqu'ici dans la pratique du crédit agricole, nous devons surtout retenir les suivantes :

Poligny et Coulommiers exclusivement agricoles avec deux catégories de sociétaires, les sociétaires que nous appellerons capitalistes souscrivant des actions de 500 fr., et les sociétaires emprunteurs souscrivant des coupures de 50 francs. Il y a là une sorte de patronage des éléments plus aisés en faveur de ceux qui le sont moins ;

St-Florent-sur-Cher, à base également agricole, mais avec une seule catégorie de sociétaires, pratiquant l'égalité devant le capital, type auquel nous pouvons rattacher Bessenay, et Belleville-sur-Saône;

Antibes, alliant le crédit urbain au crédit agricole, forme qui se rapproche le plus des banques Schulze et Luzzatti;

Les sociétés fondées d'après la loi du 5 novembre 1894, telles que : Remiremont, Epinal, Aix-en-Provence, Montpellier;

Les caisses agricoles ou rurales du type Raiffeisen-Wollemborg, à solidarité sans capital, les caisses de ce même type à solidarité, mais avec faibles parts de capital.

En ne tenant pas compte des combinaisons ingénieuses de quelques syndicats agricoles, qui peuvent être considérées comme les précurseurs de sociétés de crédit distinctes, ces divers types peuvent être réduits à trois : la banque populaire à responsabilité limitée, la banque populaire à responsabilité plus ou moins étendue comme l'autorise la loi du 5 novembre 1894, et la caisse agricole à solidarité.

Ce sont les types créés par Schulze-Delitzsch et Raiffeisen, adaptés à l'Italie par MM. Luzzatti et Wollemborg, en Belgique par M. Léon d'Andrimont pour les banques populaires, et pour les caisses agricoles, par la Caisse générale d'épargne de Belgique, et qui fonctionnent avec un succès toujours croissant en Autriche, en Hongrie, en Suisse, en Serbie, et dans presque toutes les nations de l'Europe.

L'application de ces types classiques a nécessité des modifications de fond et de détail, chaque pays ayant dû les adapter à ses exigences et à ses lois ; mais l'idée fondamentale est restée la même, le crédit mis à la portée des travailleurs par l'association, par l'union des petites épargnes, par la mise en commun des biens individuels ; le crédit fait aux qualités de l'homme plus qu'aux garanties matérielles, le crédit personnel consacré par la coopération qui place au-dessus de la fortune l'intelligence, la moralité, l'amour du travail (*Applaudissements*). La coopération n'aurait-elle donné que ce résultat, qu'il faudrait la bénir et la classer parmi les plus merveilleux facteurs du progrès démocratique.

LES RÉSULTATS DE L'ÉTRANGER. LES CHAIRES AMBULANTES

Que d'utiles indications ne pourrais-je vous fournir, si je ne craignais d'abuser de votre patience, sur le rôle joué dans ces divers pays par les banques populaires et par les caisses agricoles au profit des campagnes !

En Allemagne, cette patrie du crédit populaire, 5800 institutions distribuent le crédit aux travailleurs des villes et des champs. Les banques Schulze-Delitzsch, au nombre de 2700,comprennent 900.000 membres,dont 300.000 agriculteurs. Les caisses Raiffeisen, au nombre de 3.100, ont 270.000 membres, tous agriculteurs. Sur 3 milliards 375 millions de crédit que les banques Schulze accordent, 1 milliard est affecté à l'agriculture. Elles ont un fonds de roulement de 1 milliard 275 millions de francs, dont 325 millions de leurs propres ressources et 950 millions de dépôts. Les caisses Raiffeisen accordent annuellement à leurs membres des avances pour 75 millions de francs. Elles ont un fonds de roulement de 181 millions, dont près de 9 millions de leurs propres ressources. A côté de ces deux groupements principaux il existe encore d'autres fédérations, entre autres les Fédérations de Silésie, 96 associations de crédit ayant fait pendant la dernière année des prêts pour plus de 153 millions; la Fédération des sociétés coopératives bavaroises, avec 14 sociétés de crédit dont font partie 7897 agriculteurs, ayant fait des avances pour 50 millions, (dans cette somme la Banque de crédit agricole d'Augsburg figure à elle seule pour plus de 27 millions) ; la Fédération des sociétés coopératives de la région moyenne du Rhin, 69 sociétés de crédit ayant accordé plus de 67 millions d'avances ; la Fédération des sociétés agricoles allemandes d'Offenbach-sur-Mein, 463 sociétés de crédit, 51.551 membres, ayant distribué plus de 108 millions de crédit, sans compter les caisses d'épargne, la Banque de l'Empire qui à elle seule met chaque année 275 millions à la disposition de l'agriculture, et de nombreuses caisses se rattachant aux " associations de paysans ".

En Italie, 720 banques populaires, parmi lesquelles un bon nombre à base mixte urbaine et agricole, avec 405.541 membres, dont 34,5 °/₀ agriculteurs, viennent en aide à l'agriculture. En 1893, date de la dernière statistique, le montant des crédits accordés sous la forme d'escompte et avances a été de 1 milliard 132 millions. A côté des banques populaires, fonctionne un nombre important de caisses rurales à responsabilité illimitée introduites en Italie par M. Wollemborg, et qu'un groupe est en train de dénaturer en leur donnant une couleur confessionnelle et en faussant leur plus beau côté, celui qui tend à faire de la coopération un instrument d'union et de paix. *(Applaudissements)*.

Dans ce pays, de même qu'en Allemagne, les banques populaires du type Schulze-Delitzsch et Luzzatti se sont prêtées merveilleusement à l'alliance du crédit urbain avec le crédit agricole.

Elles ont mieux fait. De concert avec les caisses d'épargne, elles s'efforcent de faire marcher de pair les bienfaits du crédit avec ceux de l'instruction agricole.

Dans ce but, elles prennent l'initiative, et secondent l'organisation de chaires ambulantes d'agriculture, organisées sans ingérence ni soutien de l'État. Les professeurs d'agriculture parcourent les campagnes en vrais apôtres de la renaissance agricole ; ils apportent aux cultivateurs le savoir, le moyen d'améliorer leurs cultures, et comme l'écrit M. Luzzatti, ils signalent aux banques populaires, qui les attendent au passage, ces rachetés *de l'ignorance agraire* dans le but d'accompagner de la chaleur du crédit la lumière du savoir agricole. A Parme, à Plaisance, à Bologne, chaires ambulantes, caisses d'épargne, banques populaires, caisses rurales multiplient leurs efforts en faveur de l'agriculture, et pour citer encore M. Luzzatti : " *on dirait qu'elles ont charge d'âmes, le bon levain lève partout, et partout se répand une brise de jeunesse, présage de rénovations futures*". D'autres banques, telles que celles de Crémone, de Lonigo, de Lodi, de Rovigo, de Vicence, rayonnent dans les campagnes au moyen de succursales ou d'agences; les Banques populaires de Padoue, de Plaisance prennent des arrangements ingénieux avec les syndicats agricoles et les caisses d'épargne, et, grâce au concours des chaires ambulantes d'agriculture, elles font pénétrer dans les campagnes le crédit et la science. Il s'opère des compensations économiques et éducatives; l'œuvre entreprise et ainsi perfectionnée portera des fruits copieux et exquis.

QUE DEVONS-NOUS FAIRE A NOTRE TOUR ?

Après avoir passé en revue notre situation actuelle au point de vue agricole, les essais de crédit rural qui ont été faits sous des formes diverses, les moyens dont nous disposons, ce qui a été fait dans les principaux pays de l'étranger, le moment est venu de conclure, et d'examiner quelle serait la façon la plus simple, la plus pratique, la plus efficace d'organiser chez nous le crédit agricole.

Nous avons dit que ce crédit doit être surtout personnel, et répondre à deux conditions essentielles, le bon marché et des échéances conformes aux besoins agricoles. En empruntant, l'agriculteur doit pouvoir comme résultat retrouver la somme empruntée, l'intérêt payé et un bénéfice. Emprunter dans d'autres conditions serait désastreux. Il faut aussi que l'emprunt ait une durée suffisante pour permettre de réaliser les récoltes, et il faut encore qu'en cas de manque de récoltes, ou d'une baisse exagérée de prix qui obligerait à en retarder la vente, l'agriculteur puisse compter sur des délais exceptionnels.

Ce sont là les principales difficultés que présente la solution de cette importante question.

L'agriculteur est disséminé, les maisons de banque établies dans les villes ne connaissent pas le crédit de la clientèle agricole, de la petite surtout; elles hésitent à lui accorder des avances. Elles ne seraient pas toujours disposées à entrer dans la voie des renouvellements, et ne sauraient patienter autant qu'il le faut en pareille matière. Elles n'entreraient pas volontiers non plus dans la pratique du crédit personnel, s'agissant de clients éloignés, et qu'elles ne peuvent pas suivre. Il faut à l'agriculture des organismes spéciaux pour la distribution du crédit, et les organismes les plus perfectionnés en pareille matière nous sont fournis par la coopération. Nous avons examiné les principaux types qui ont été adoptés jusqu'à ce jour en France. En pareille matière on ne peut pas être exclusif. On ne peut pas prétendre qu'il n'y a qu'un seul système qui soit applicable, qui soit parfait. Toutes les contrées n'ont pas les mêmes habitudes. Les mêmes plantes, les mêmes cultures ne conviennent pas à toutes les régions. Tel système qui réussit parfaitement dans une contrée ne sera pas conforme aux besoins ni aux aspirations d'une autre. Nous dirons avec M. Aynard :

« Le crédit agricole doit s'asseoir sur deux pierres angu-
« laires, bon marché du capital et mutualité ou solidarité
« en principe (quitte à fixer les degrès de cette solidarité);
« on ne doit repousser que ce qui ne réussit pas. — Je
« ne puis être l'homme d'un seul système, le tenant d'une
« seule école, je préfère vous dire : n'attendez le succès
« que de vous mêmes, cherchez le moyen qui s'adapte le
« mieux à la localité, et marchez !

En cette matière nous sommes franchement polythéïstes. Nous reconnaissons qu'il y a des types classiques, tels que les Banques Schulze-Delitzsch et les caisses Raiffeisen, qu'il ne faut pas s'écarter de leurs bases fondamentales, mais nous estimons que l'on peut adapter ces formes classiques aux convenances et aux besoins de chaque localité. Ce qu'il y a de certain, c'est que le crédit agricole doit être pratiqué par des institutions placées à proximité des emprunteurs, organisées de façon à stimuler leur responsabilité personnelle, à les obliger instinctivement à la surveillance et au contrôle ; par des institutions ayant le moins de frais et de charges que possible.

Les caisses agricoles répondent parfaitement à ces conditions. Par la solidarité, par l'absence de frais généraux, par l'absence de capital ou par sa minimité, elles sont assurées d'avance du succès. La solidarité est l'essence de ces institutions, elle en est la sauvegarde et la force. Chacun, étant responsable de son voisin, exerce sur lui une surveillance instinctive et suivie. L'emploi des prêts est contrôlé et les pertes sont presque impossibles. N'ayant d'autre part aucune charge à supporter, elles ne sont pas pressées de faire des affaires et peuvent attendre. Elles n'interviennent qu'au moment opportun. En cas de besoin, les sociétaires savent où ils peuvent s'adresser en toute confiance et avec toute indépendance. Les services qu'elles rendent sont aussi nombreux que variés. On peut dire qu'elles se prêtent à tous les besoins.

Pour ne citer qu'un exemple, je remarque dans les deux derniers comptes-rendus semestriels de la Caisse agricole de Castellar les emplois suivants de prêts accordés aux sociétaires :

Du 1er janvier 1895 au 30 juin suivant, soit pendant une période semestrielle :

Prêts accordés, 48, d'ensemble fr. 9.735, dont :

19 — pour achats d'engrais;
2 — — — de bestiaux ;
8 — au petit commerce local ;
4 — pour frais de maladie ;

2 — pour réparations à des maisons de campagne;
2 — pour contributions;
3 — pour payement de vieilles dettes;
1 — pour achat de bois de menuiserie;
2 — pour affranchissement de propriétés hypothéquées;
1 — pour construction d'un réservoir;
2 — pour achats d'écuries;
2 — pour constructions rurales.

Du 1er juillet au 31 décembre 1895, 22 prêts ont été consentis pour un total de fr. 4315, soit une moyenne de fr. 196 par prêt; en voici l'affectation :

13 pour achat d'engrais.
3 — — de bestiaux.
2 — frais de maladie.
1 — achats de terre.
1 — petit commerce local.
1 — achat de toile.
1 — paiement de droits de succession.

Les caisses agricoles doivent fonctionner dans une circonscription limitée, elles se prêtent à merveille aux petites localités.

Pour des localités plus importantes, nous avons les banques Schulze et Luzzatti, adoptées déjà avec succès à Saint-Florent-sur-Cher, à Antibes, à Belleville-sur-Saône, à Bessenay, à Mornant.

A la base de l'édifice, nous avons les banques populaires urbaines, qui, en attendant une réforme plus libérale du régime actuel de nos caisses d'épargne, et en attendant que les exemples des caisses progressistes de Marseille et de Lyon soient imités, compléteront l'œuvre en recueillant l'épargne urbaine et en la faisant refluer en partie vers les campagnes.

Le crédit agricole doit être fécondé par l'épargne des villes, et de même que la prospérité commerciale et industrielle des grands centres est subordonnée à la prospérité de l'agriculture, il faut, nous ne cesserons de le redire, que les excédents de la richesse urbaine retournent fertiliser cette grande nourricière qui est l'agriculture.

Les banques populaires urbaines peuvent remplir ce rôle, soit au moyen d'agences établies dans les campagnes, soit en encourageant la fondation de banques ou de caisses agricoles autonomes.

C'est ce dernier système que nous avons adopté dans les Alpes-Maritimes, où la Banque populaire de Menton que j'ai l'honneur de diriger a patronné la fondation de dix caisses agricoles et de deux banques populaires. Dans les débuts surtout, les caisses agricoles ne peuvent pas se suffire avec les épargnes locales, il leur faut l'appui d'établissements pouvant leur faire des avances. Ces établissements sont les banques populaires urbaines. Du 1er juillet 1895 au 30 avril 1896 nous avons accordé à ces caisses des avances pour fr. 64.415. La Caisse agricole de Cagnes se suffit en totalité, et celle de Castellar, qui est la plus importante, en grande partie. Petit à petit, si les récoltes arrivent régulièrement, ces caisses pourront travailler avec l'épargne locale; les économies de la terre seront ainsi conservées sur place, elles reviendront fertiliser la terre. La confiance du public dans ces institutions augmente chaque jour. On comprend que des associations qui s'appuyent sur la solidarité de tous leurs membres offrent une garantie sans pareille, de cette façon, l'appui de la banque populaire sera réservé aux caisses nouvelles, aux jeunes enfants de cette prévoyante famille. Et dans les moments difficiles, lorsque l'épargne rurale devra être employée pour faire face aux mauvaises récoltes, lorsque ces épargnes ne seront plus suffisantes à alimenter les besoins agricoles, ce sera encore la banque populaire urbaine qui dirigera sagement une part de ses capitaux dans les campagnes. Crédit populaire urbain, crédit populaire agricole se complètent; ils sont indispensables l'un à l'autre, et le crédit agricole ne peut être viable qu'à la condition de s'appuyer sur les institutions de crédit urbain.

Si l'on donne au crédit agricole une telle organisation, la Banque de France nous paraît toute désignée pour accorder son appui, sans qu'il soit besoin de créer une institution spéciale. Elle recevra, comme elle commence de le faire, le papier de nos agriculteurs représenté par des effets à trois mois portant les trois signatures exigées, celle de l'emprunteur, celle de la caisse agricole, et celle de la banque populaire. Et ce papier ne sera certes pas le moins sûr. D'autres grandes institutions le recherchent à leur tour, car l'agriculteur a souci de sa signature, de son crédit, et l'expérience du fonctionnement des sociétés pratiquant intelligemment le crédit agricole est là pour prouver que les risques sont nuls.

LES DIVERS FACTEURS DU CRÉDIT AGRICOLE.

Je résume ma pensée. Le crédit agricole doit avoir pour base la banque populaire urbaine, et il doit s'exercer au moyen d'institutions variées répondant aux besoins de la localité, autant que possible autonomes, placées à proximité des emprunteurs, pouvant fonctionner même dans les petites communes, et jusqu'au hameau.

A la base, la banque populaire urbaine,au milieu la banque populaire agricole, au sommet la caisse agricole : telle nous apparaît l'organisation la plus logique, la plus viable du crédit agricole dans notre pays. Le crédit rural doit être organisé en même temps que le crédit urbain, et dès qu'une région, un département possèdent un certain nombre d'institutions, il faut, comme nous l'avons pratiqué, les fédérer, former des groupes régionaux ou départementaux, qui veilleront à la marche régulière des diverses associations, leur imprimeront une direction uniforme, assureront la défense de leurs intérêts, organiseront des services d'inspection et des moyens de propagande.

On a voulu interdire ces groupements sous des prétextes absurdes. Le principe a fini par prévaloir, félicitons-nous en et souhaitons que le législateur ne tarde pas à sanctionner une telle disposition qui facilitera le développement de la coopération, qui constituera sa sauvegarde.

Puisque notre force réside dans l'union, nous n'aurons jamais de force tant que l'union nous sera défendue. Du reste les groupes de sociétés coopératives ont été pour le passé non seulement tolérés, mais encouragés, et il y a deux mois à peine, le Groupe des Alpes-Maritimes avait l'honneur d'être reçu à Menton par M. Félix Faure, Président de la République qui l'accueillit avec la plus grande bienveillance, et lui adressa l'expression de sa satisfaction et de ses sentiments de sympathie pour la coopération de crédit.

Mais en examinant de près la question du crédit agricole, on s'aperçoit bien vite que le capital tout en étant le principal moyen ne suffirait pas, et qu'il faut le coordonner avec d'autres facteurs qui, tout en ayant en apparence des fonctions distinctes, convergent vers le même but.

Ces principaux facteurs, qui sont appelés à seconder l'œuvre des sociétés de crédit agricole, sont les syndicats et les professeurs d'agriculture..

Les syndicats agricoles sont, sans contredit, une des institutions les plus utiles pour l'agriculture. Ils offrent à leurs membres de grandes facilités, soit pour l'achat collectif des engrais, semences, machines, soit pour l'amélioration et la sauvegarde de la production agricole, soit pour la transformation des produits et l'organisation de la vente en commun. Les syndicats contribuent en même temps à faire l'éducation technique de leurs membres, à les familiariser avec les meilleurs procédés de culture; ils leur donnent la notion exacte de leur valeur personnelle .et de la puissance fécondatrice de l'association.

Les sociétés de crédit populaire, banques populaires et caisses agricoles, au moyen de l'épargne et par la coopération, mettent à la portée des cultivateurs le crédit qui leur est nécessaire pour leurs besoins agricoles et pour pouvoir constamment utiliser les syndicats qui ne devraient traiter qu'au comptant.

Elles habituent leurs membres à la pratique des affaires et en les rapprochant sur le terrain économique, elles contribuent à dissiper bien des malentendus, elles accomplissent une œuvre admirable de paix.

Nous venons d'expliquer le rôle parallèle que doivent jouer les syndicats et les sociétés de crédit populaire dans la distribution du crédit à l'agriculture.

Mais à l'action des syndicats, aux ressources que procure le crédit, il faut associer le savoir agricole. Les professeurs d'agriculture remplissent chez nous le rôle que joue en Italie la chaire ambulante d'agriculture.

Ils parcourent les campagnes ; ils se rendent au milieu des cultivateurs dont ils ont au préalable étudié les besoins, et leur inculquent les notions concernant les améliorations, les réformes à introduire dans leurs cultures. Ils répandent dans les milieux agricoles les clartés de la science. Leur rôle sera d'autant plus utile qu'ils pourront s'appuyer sur des groupements déjà initiés, tels que les syndicats et les sociétés de crédit agricole, qui constituent des terrains admirablement préparés pour recevoir les germes reproducteurs de la science.

Il ne s'agit pas seulement de distribuer le crédit, il faut donner à l'agriculture la possibilité de se servir utilement de ce crédit. Les progrès financiers doivent marcher de pair avec les progrès de la science. En coordonnant ces trois facteurs, en associant leur action bienfaisante, on fixera la véritable formule du crédit agricole.

CONCLUSION.

Tel est le programme que nous traçons aux initiatives généreuses, et que nous voudrions voir se réaliser dans tous les départements, de même que nous l'avons réalisé dans les Alpes-Maritimes. Les groupements qui s'occupent sous des formes diverses de l'amélioration de l'agriculture, tels que l'Union des Syndicats des Agriculteurs de France que préside avec un talent et un dévouement supérieurs à tout éloge M. le Trésor de la Rocque dont nos Congrès ont toujours salué respectueusement le nom, le Syndicat central, la Société d'Agriculture, le Syndicat économique agricole, toutes ces grandes institutions doivent coordonner leur action avec celle du Centre Fédératif, qui a pour but spécial la diffusion des institutions de crédit populaire.

En agissant ainsi, et sous de tels patronages, nous déterminerons une action énergique de la part des syndicats agricoles, nous stimulerons l'initiative privée qui est le moteur le plus efficace du vrai progrès, et nous réaliserons l'organisation du crédit populaire urbain et agricole qui avec les syndicats, constituera une des plus belles œuvres économiques de la fin de ce siècle.

Au tableau des difficultés de l'agriculture succèdera un tableau réconfortant.

Un souffle de régénération économique et sociale passera sur nos campagnes.

L'agriculteur, secondé par le crédit et par l'instruction, pourra mieux produire, placer ses produits plus avantageusement, et verra sa situation s'améliorer constamment. On reviendra à la terre.

La jeunesse des champs pourra s'utiliser avantageusement et comprendra que son intérêt est de rester au pays.

L'émigration dans les villes diminuera. Les classes aisées, elles-mêmes, en présence de la baisse persistante des revenus seront forcées de ne plus dédaigner la terre. Elles y trouveront un excellent emploi de leurs capitaux, dont l'émigration diminuera de même. L'esprit de solidarité se développera. Il accomplira son œuvre de rapprochement et de paix. Nos paysans trouveront dans nos institutions un rempart contre les utopies dangereuses du socialisme. Ce sera l'aube d'une ère nouvelle qui montrera à nos agriculteurs les perspectives d'un avenir meilleur, et qui avec la prospérité de l'agriculture, contribuera puissamment à augmenter la prospérité, la force et la grandeur de la France (*Triple salve d'applaudissements*).

Menton. — Imprimerie Coopérative Mentonnaise, Rues Prato et Ardoino.

www.ingramcontent.com/pod-product-compliance
Lightning Source LLC
LaVergne TN
LVHW012011160826
845678LV00002B/763

* 9 7 8 2 3 2 9 6 6 4 1 0 1 *